JN251775

150%パニック!
絶対ダマされる!?
からだマジック
エイ!!
汐文社
ちょうぶんしゃ

もくじ

レベル1 …3

レベル2 …31

レベル3 …51

注意！

脳や感覚のしくみを利用したマジックでは、ひとりひとりの感じ方のちがいによって、うまくいかないこともあるよ。そんなときは、相手や場所をかえて試してみよう。また、ふたり以上でおこなうマジックで、体格や力に大きな差がある場合などに、無理にマジックを続けると筋肉や腱をいためてしまう可能性もあるよ。やっている最中に痛みを感じたり、気分が悪くなるようなことがあれば、すぐにやめておとなに相談してね。

レベル1

かんたんだけど、
友だちにためしたら
きっとおどろくよ！

頭に手がくっついちゃった！

頭に手をのせただけなのに、
力をいれて引っぱっても
なぜか手がはなれないよ！

1 手で自分の頭を
つかむようにグッと
おしつける。

2 相手に腕を引っぱってもらうと…。
手が頭からはなれない！

ポイント
できるだけひじの近くを
持ってもらおう。

どうして、こうなるの？

腕(うで)は、ひじが直角近くに曲がっているときに一番強い力が出るよ。だから相手に腕(うで)を少しくらい引っぱられても頭から手がはなれないんだ。

腕(うで)を引っぱる位置(いち)によってくっつきやすさが変(か)わる！

力が入りにくい
ひじに近いところを持つと、とれにくい
ウ〜ウ〜
力が入りやすい
ヒョイ
頭に近いところを持つと、とれやすい
楽勝〜
アレ？

難易度

OKサインの指が開かない！

指で作るOKサインは、力を入れて開こうとしても、なかなか開かないよ。ふたりで力を比べてみよう！

やってみよう

1 ひとさし指と親指でOKサインを作る。

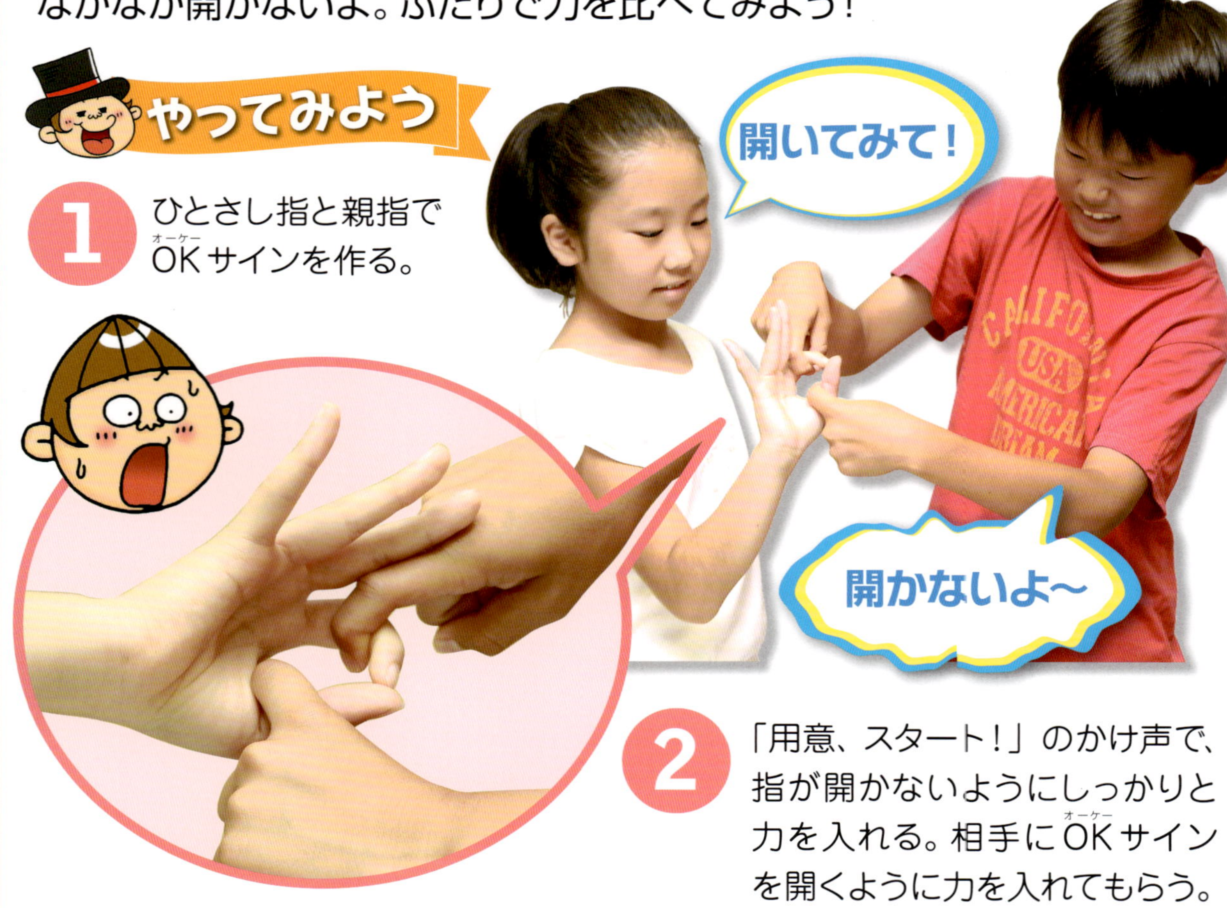

2 「用意、スタート！」のかけ声で、指が開かないようにしっかりと力を入れる。相手にOKサインを開くように力を入れてもらう。

どうして、こうなるの？

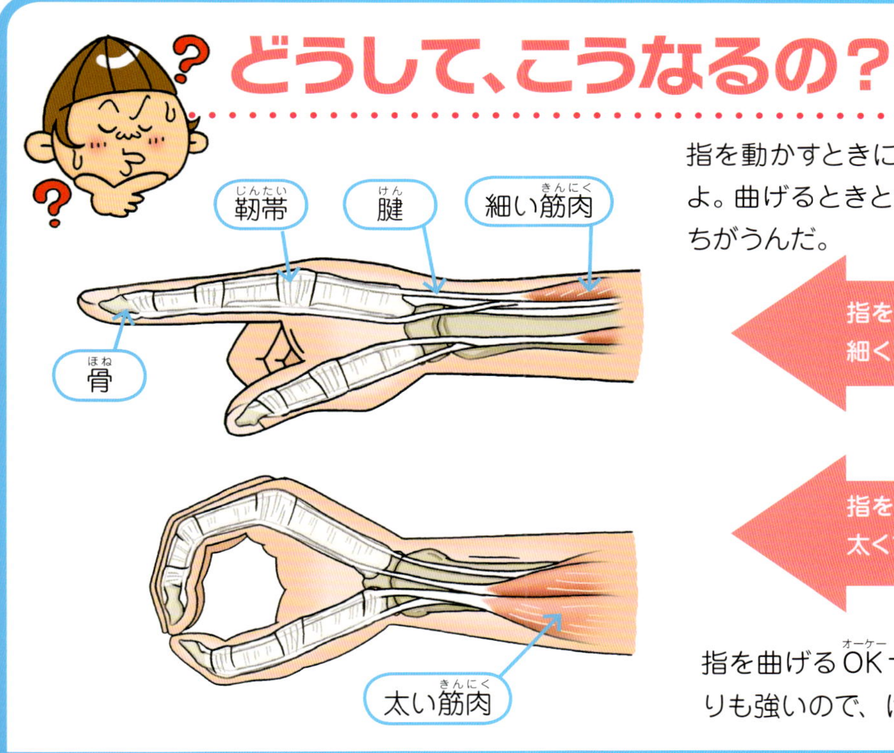

指を動かすときには腕の筋肉が使われているよ。曲げるときと伸ばすときでは働く筋肉がちがうんだ。

指を伸ばすときは、
細くて力の弱い筋肉が働く

指を曲げるときは、
太くて力の強い筋肉が働く

指を曲げるOKサインの方が指を伸ばす力よりも強いので、はなすことができないんだ。

腕も指と同じで、曲げるときに働く筋肉の方が伸ばす筋肉よりも太く、力があるよ。腕を曲げたときにできる力こぶをさわって、筋肉が太いことを確かめてみよう。

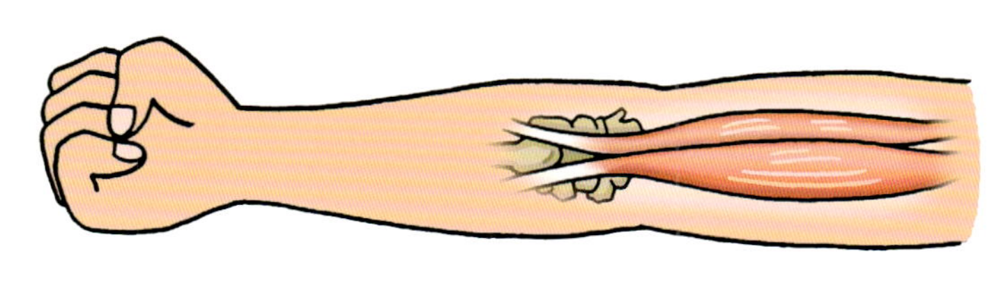

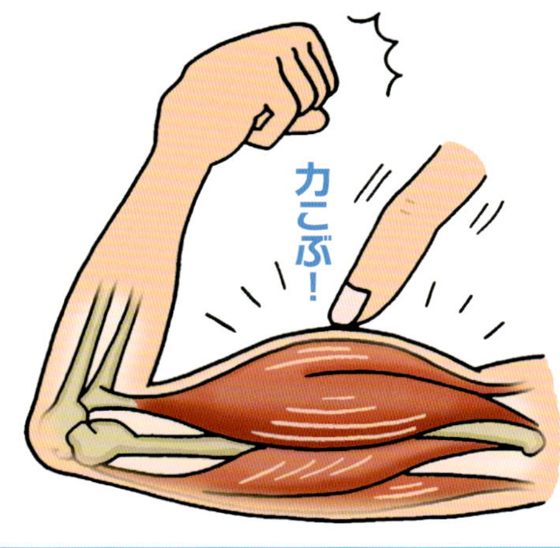

伸びちぢみする腕

腕はちょっとしたことで伸びたりちぢんだりするって知ってた？
かんたんに確かめることができるよ。

やってみよう

1 両手をあわせて、腕の長さが同じことを確認してみる。

2 右手を下ろして、左手を20回ほど曲げたり伸ばしたりしてみる。

OK！ 同じ！
ポイント
曲げ伸ばしはなるべくすばやくやろう！

3 もう一度両手を合わせて、腕（うで）の長さをくらべてみると…。

しばらくすると
長さがもとに
もどるよ。

どうして、こうなるの？

人間の関節（かんせつ）は、はげしく曲げるような運動をすると、関節（かんせつ）がぬけないように、まわりの筋肉（きんにく）がちぢむようになっているんだ。運動を止めてもちぢんだ筋肉（きんにく）はすぐにゆるまないので、肩（かた）の関節（かんせつ）のところから短くなってしまうよ。しばらくすると元の長さにもどるから大丈夫（だいじょうぶ）。

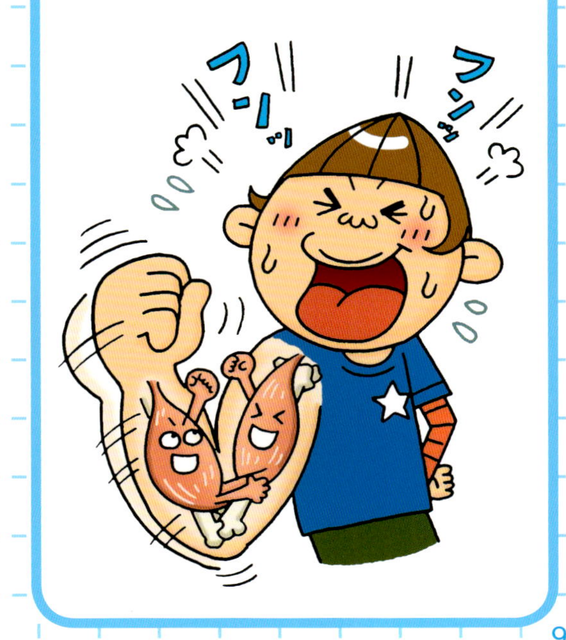

難易度

立てないスイッチ発見！

からだのある一か所に指を1本当てるだけで、イスから立ち上がれなくなるよ！

1 相手にイスに座って背もたれに背中をつけてもらう。

ポイント

- ・ゆかにしっかりと足をつけること。
- ・ひざが90度以上開くようにすわってもらうこと。

2 相手のおでこに指を当てて、立ち上がってもらうと…

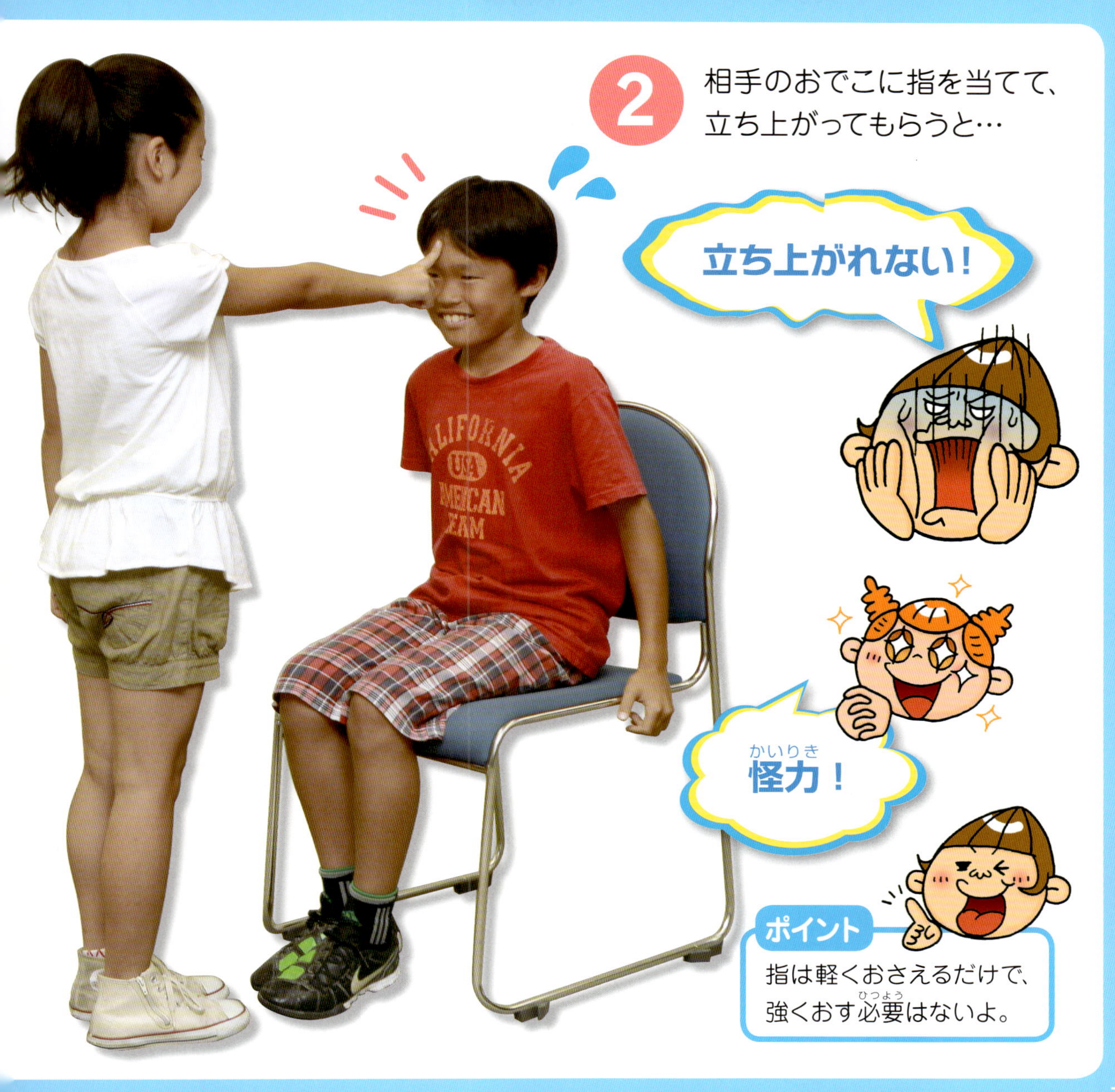

ポイント

指は軽くおさえるだけで、強くおす必要はないよ。

どうして、こうなるの？

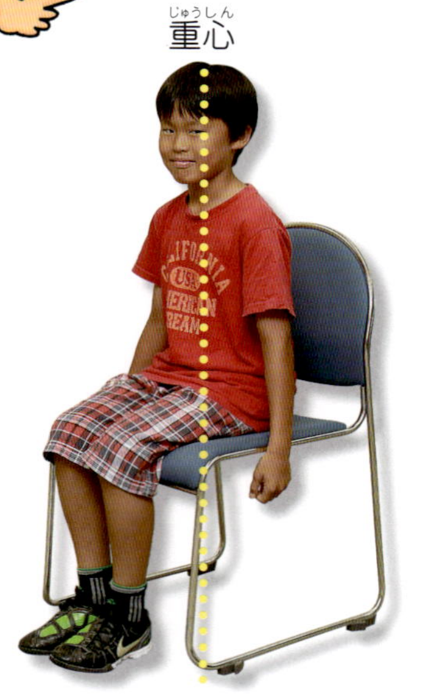
重心

重心が
移動した！

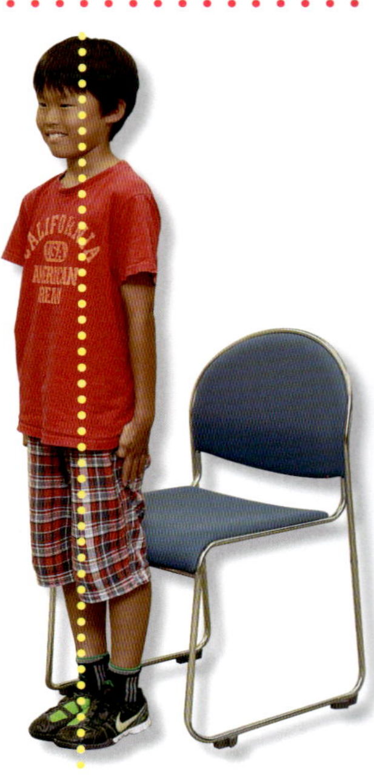

立ち上がるときは、からだの重心※を移動しないと立ち上がれないよ。

＊重心…重さの集まる中心

イスから立ち上がるには、重心を移動させるために、一度からだを前にたおさなければならないよ。でも、おでこに指を当てられていると、からだを前にたおせないので、立ち上がれないんだ。

立てない～!!
ひとさし指で
重心の移動を
ストップ！

ためしてみよう

背伸びできるかな？

壁を向いて、頭からつま先まで壁につけよう。そのまま背伸びをしようとすると…。背伸びができない！

背伸びも一度からだを前にたおす必要があるけれど、からだが壁についているので、できないんだ。

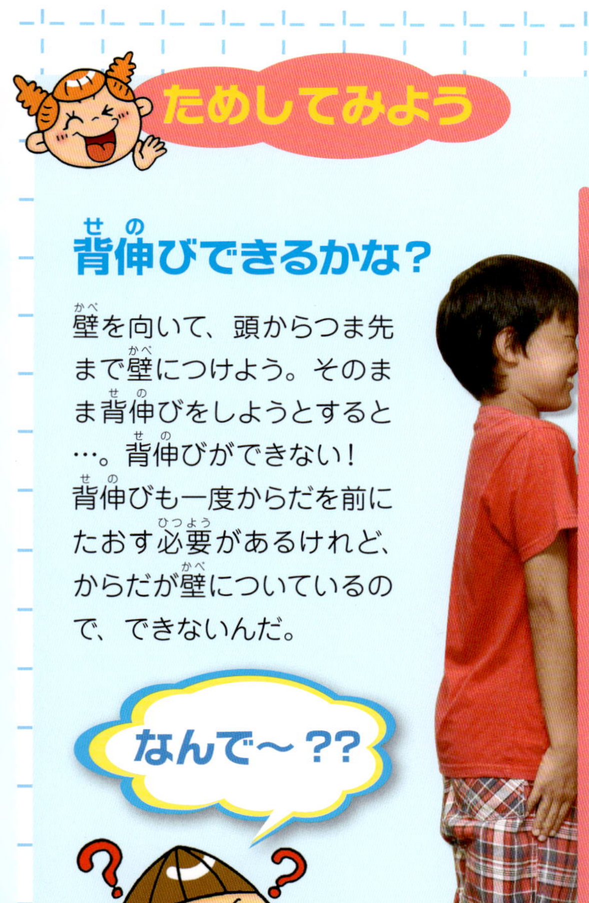

動けるかな？

壁から40センチほどはなれて立ち、両手を壁につけてゆっくりとからだをたおす。

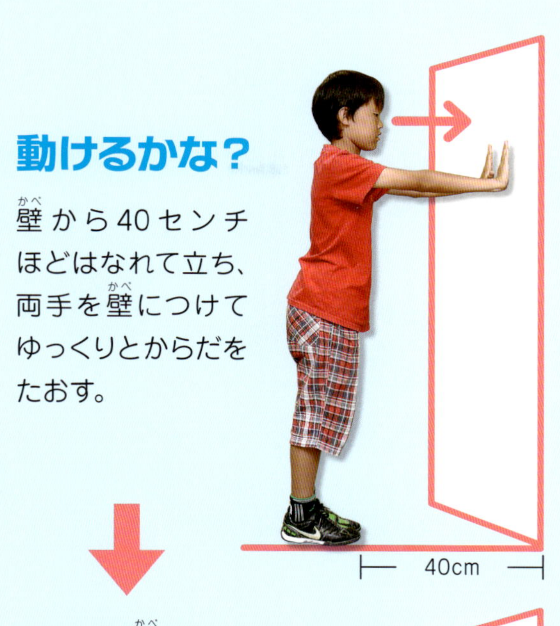

おでこが壁についたら、両手を下ろして手足を動かさずにからだを起こしてみよう。

からだは動かないはず！　これは、重心が前に行きすぎて、足の力だけでは動けなくなったからだよ。

難易度

くっついてはなれない指を

両手の指を合わせてみると、
くすり指だけ思うように動かせないよ！

くすり指が
じしゃくに
なっちゃった!?
がんばっても、
くすり指だけ
はなすことが
できないよ～！

さがせ！

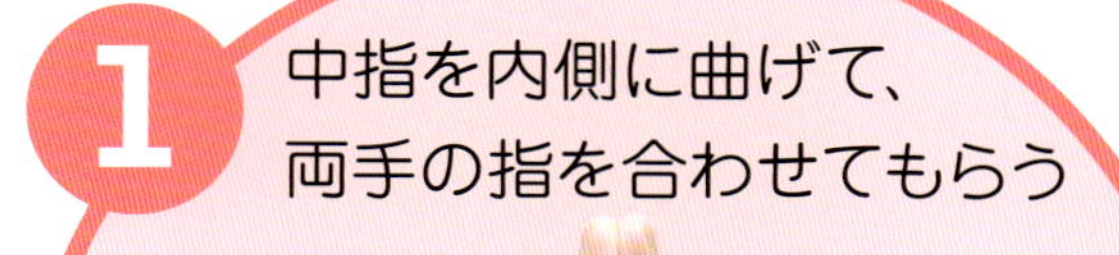

1 中指を内側に曲げて、
両手の指を合わせてもらう

2 「小指をはなしてみて！」

はなれた！

ポイント

中指は第二関節(かんせつ)まで
ぴったりとくっつける。

3 「親指、ひとさし指を
はなしてみて！」

はなれた！

4
「くすり指を
はなしてみて！」
なんで〜！？
くっついたままで、
はなれない！

どうして、こうなるの？

指を動かすとき、腱というひものようなものが腕の筋肉から伸びて、指を引っぱっているよ。腱は手の指それぞれについているけれど、腱どうしはくっついていることもあるんだ。中指とくすり指の腱は一部がくっついているから、別々に動かしにくいよ。

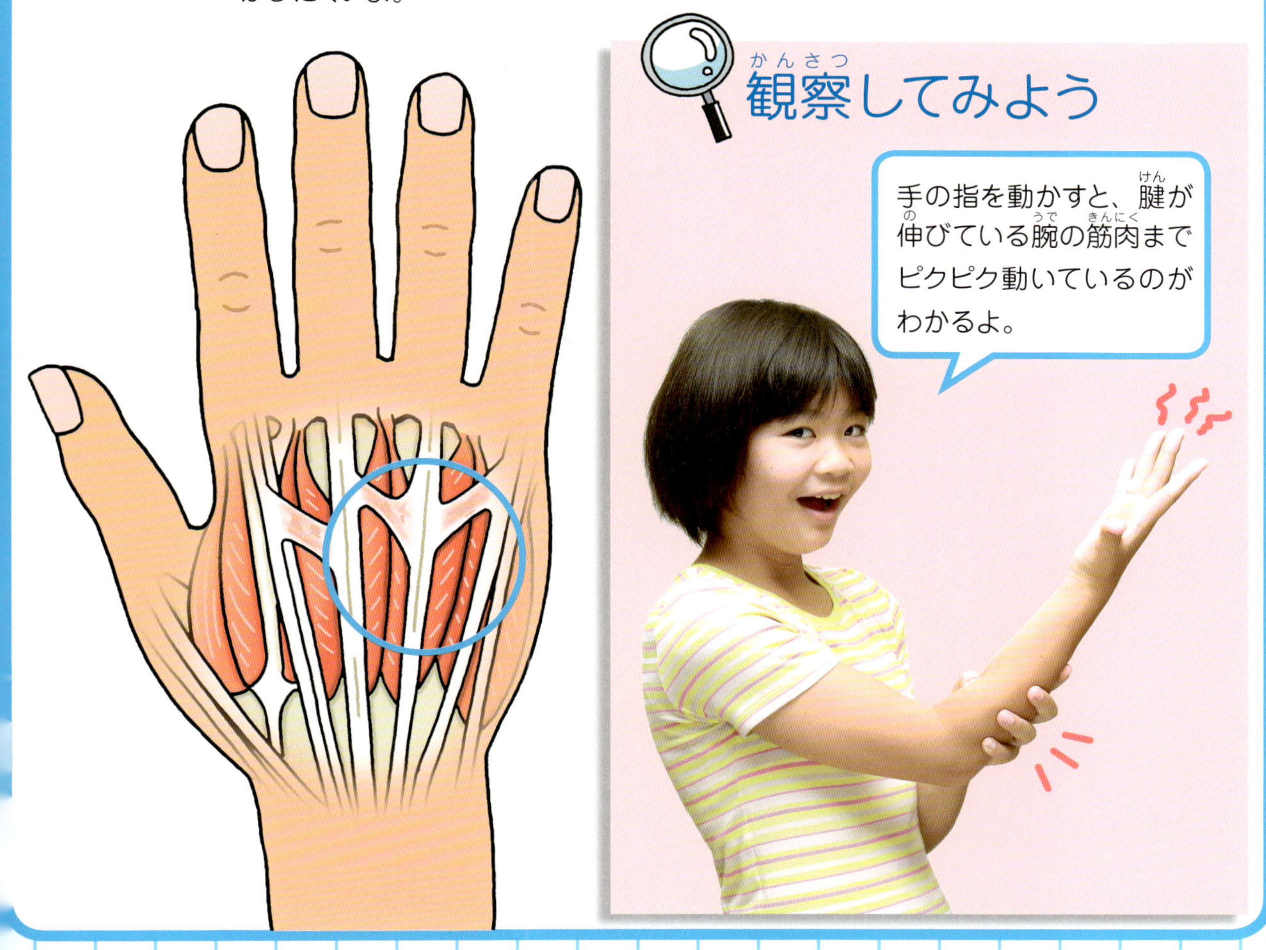

観察してみよう

手の指を動かすと、腱が伸びている腕の筋肉までピクピク動いているのがわかるよ。

どっちが怪力？
手と足の力比べ

手と足で力比べをすると、足の方が強そうだよね。でも足の力の強さは部位によってちがうんだ。

すごい
力持ち！

やってみよう

1 相手に足をまっすぐに伸ばして、ギュッと閉じてもらう。

ギユッ！

2

両足の親指を軽くひっぱってみると…。足がかんたんに開いてしまった！

どうして、こうなるの？

足首を動かす筋肉はひざと足首の間に集まっているよ。そのうち、足首を曲げる筋肉はふくらはぎにあって一番強いんだ。伸ばす筋肉はすねの前にあってそれほど強くないよ。そして足首を閉じたり開いたりする筋肉はすねの両横にあって、ほかの筋肉よりも弱いんだ。

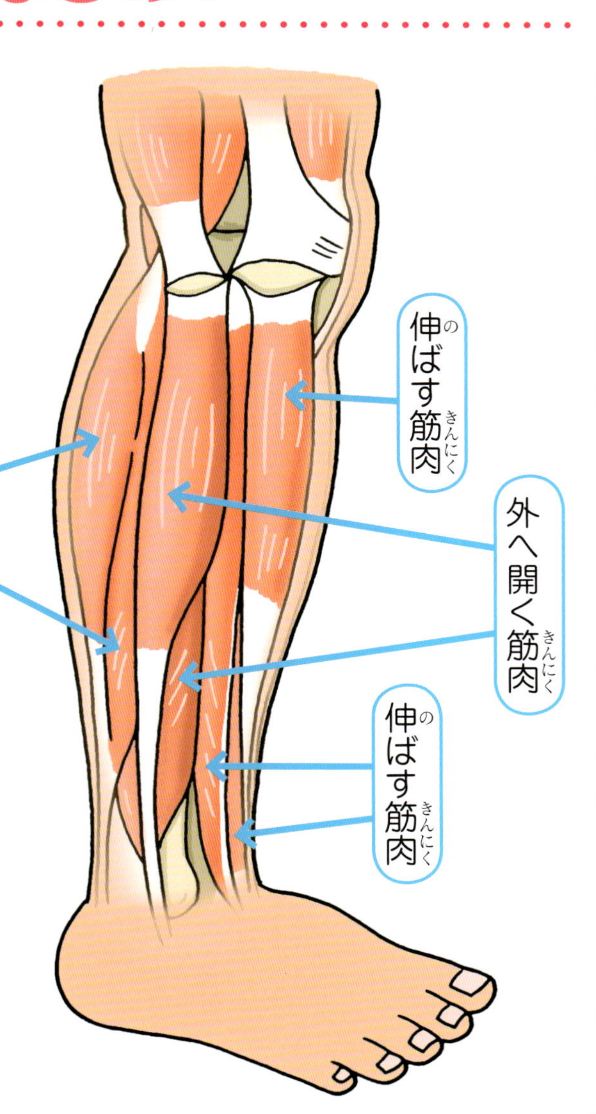

ふくらはぎをおして、筋肉を確かめてみよう

何本の指でおされているか

背中に何本の指がふれているか、目で見なくてもわかるかな？

わからない！

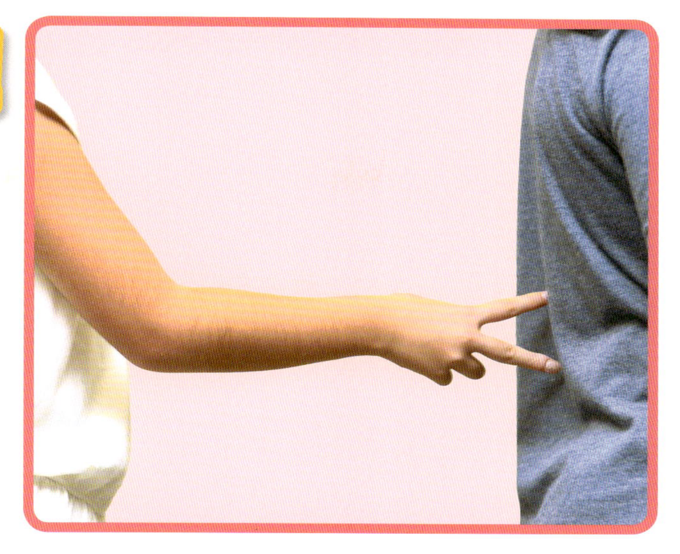

1 背中を向けてもらい、何本かの指でおしてみる。

2 背中をおされた人に、何本の指でおされたか聞いてみよう。

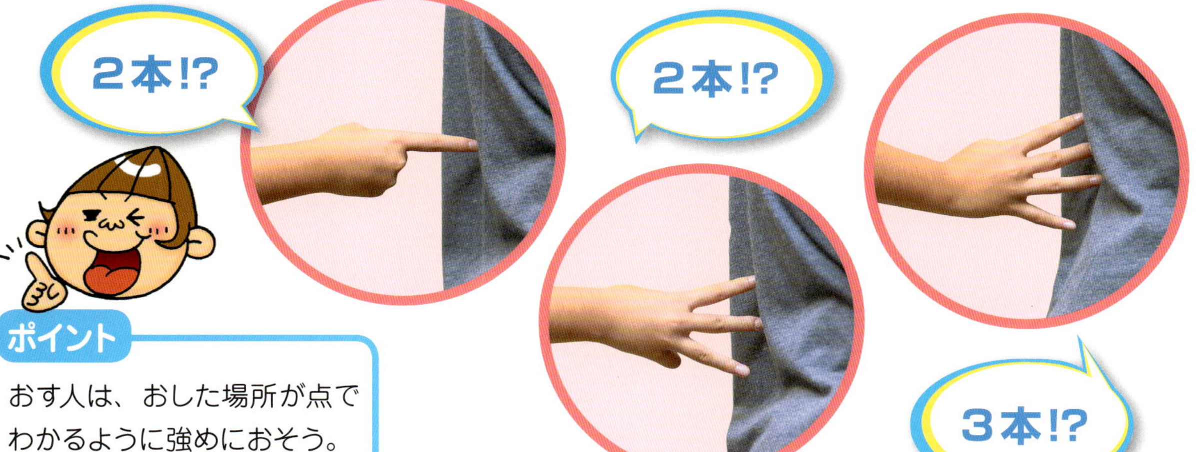

ポイント

おす人は、おした場所が点でわかるように強めにおそう。

どうして、こうなるの？

さわられているという刺激を脳に伝える神経は、背中には少ないんだ。だから、指でおされていることはわかっても、何本かという細かいことはわからないよ。それに比べて、てのひらや顔などには神経が集まっているので、少しの刺激でもよくわかるんだ。

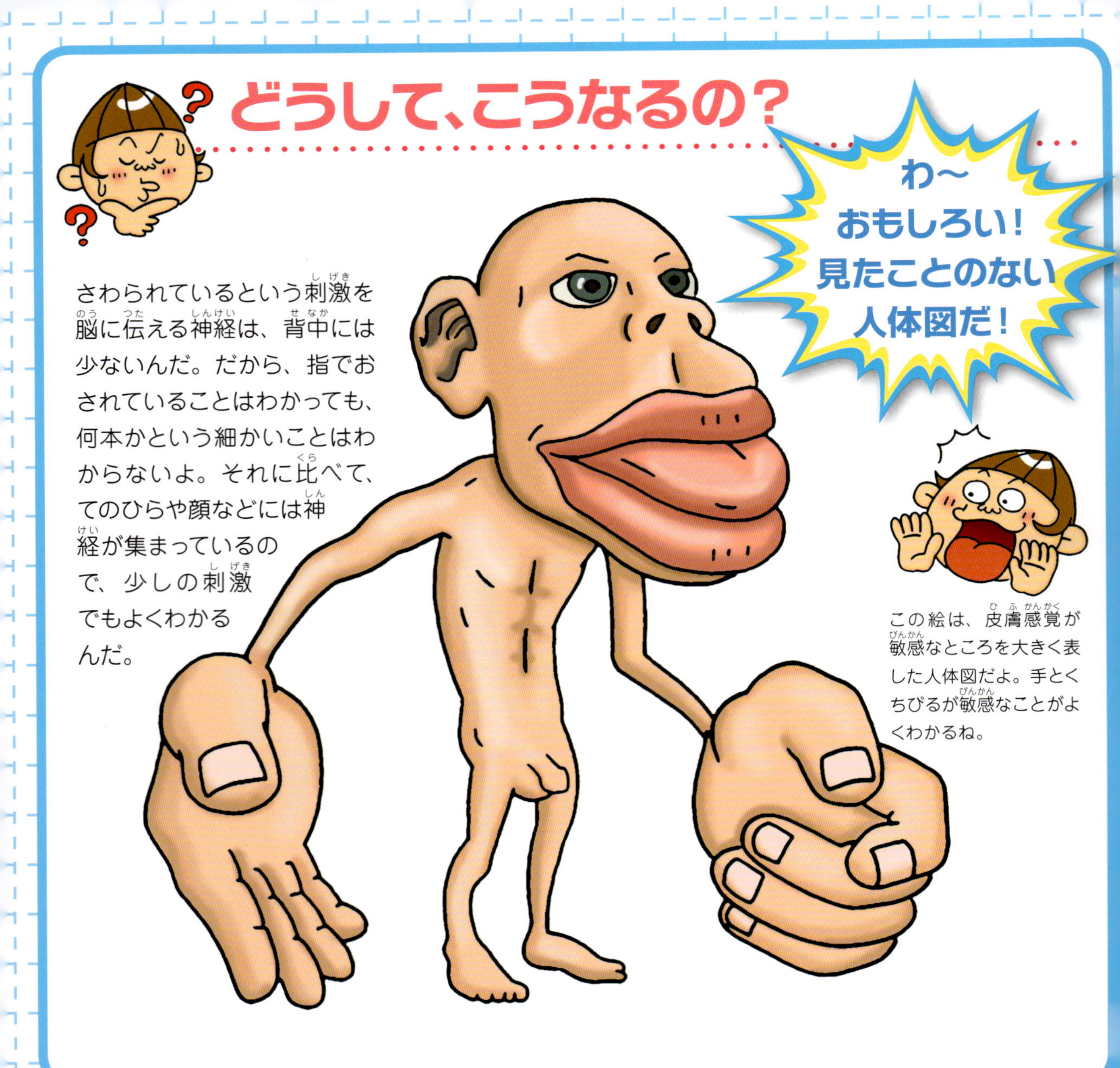

この絵は、皮膚感覚が敏感なところを大きく表した人体図だよ。手とくちびるが敏感なことがよくわかるね。

ためしてみよう

2点識別実験

コンパスを皮膚にあてて、0.5ミリずつ広げていきながら2点があたっていることがわかるかを調べた実験があるよ。その結果、くちびるや指先は5ミリしかはなれていなくてもちゃんと2点を感じることができたよ。でも、背中や太ももでは60ミリ以上離れないと、2点にふれていることがわからないんだ。

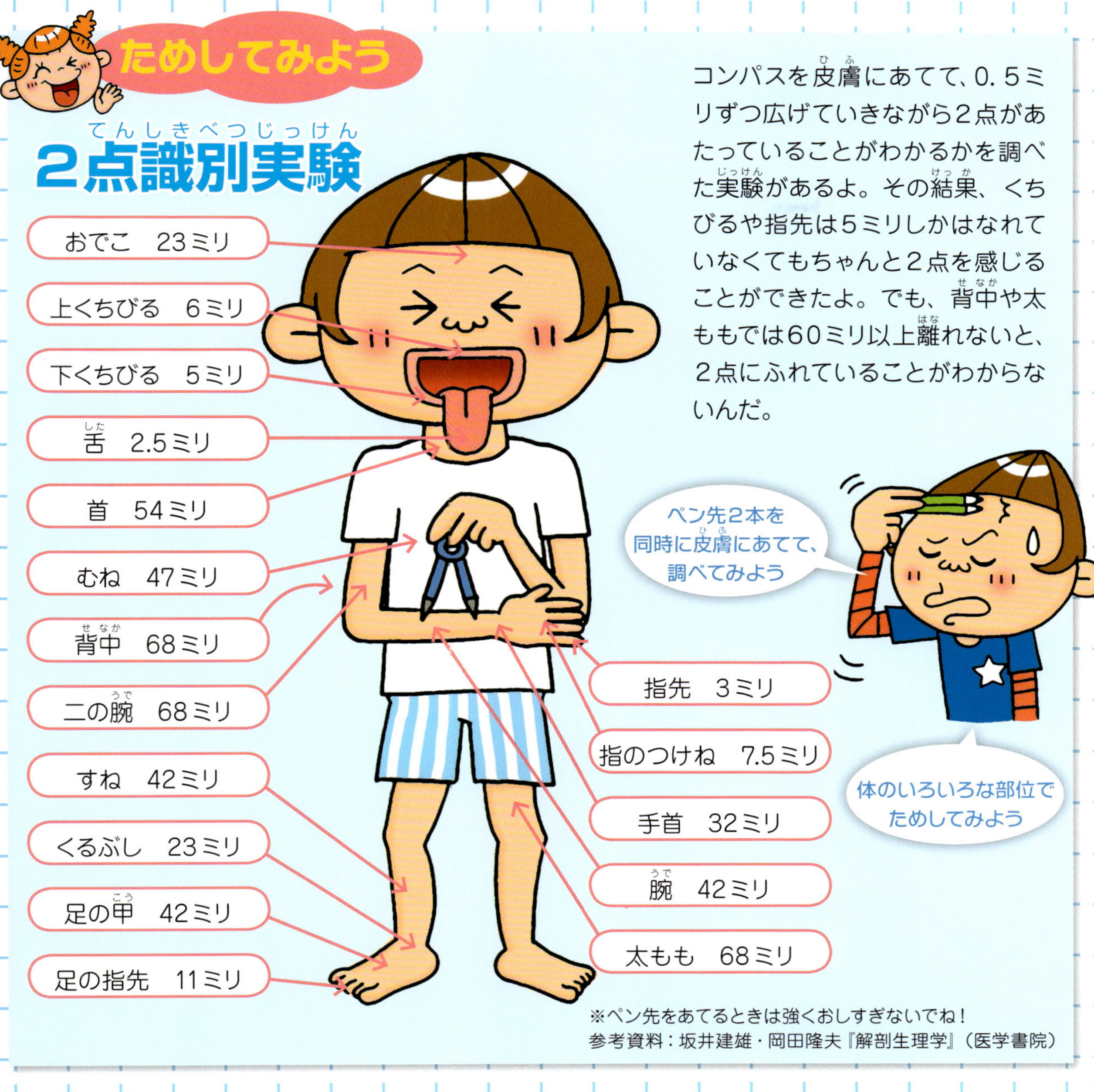

※ペン先をあてるときは強くおしすぎないでね！

参考資料：坂井建雄・岡田隆夫『解剖生理学』（医学書院）

難易度

指が自然にくっついちゃう！

くっつけるつもりはなくても、勝手にくっついちゃう指。
指が言うことをきかなくなったのかな？

1 写真のように両手をがっちり組んで、ひとさし指だけピンと伸ばす。

2 ひとさし指をはなして、しばらく、じっと先を見つめていると…。

あれー？
ひとさし指が勝手に
くっついていくよ！

くっつきだした指に力を入れないこと。

どうして、こうなるの？

手の指は、何もしていなくても少しだけ先が曲がっているのが自然な状態だよ。無理にひとさし指をはなそうとすると、筋肉が疲れてきて、自然な状態にもどろうとするんだ。それでひとさし指がくっついちゃうよ。

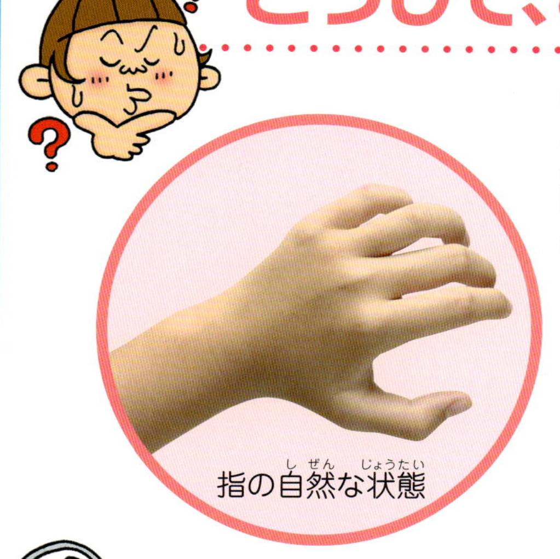
指の自然な状態

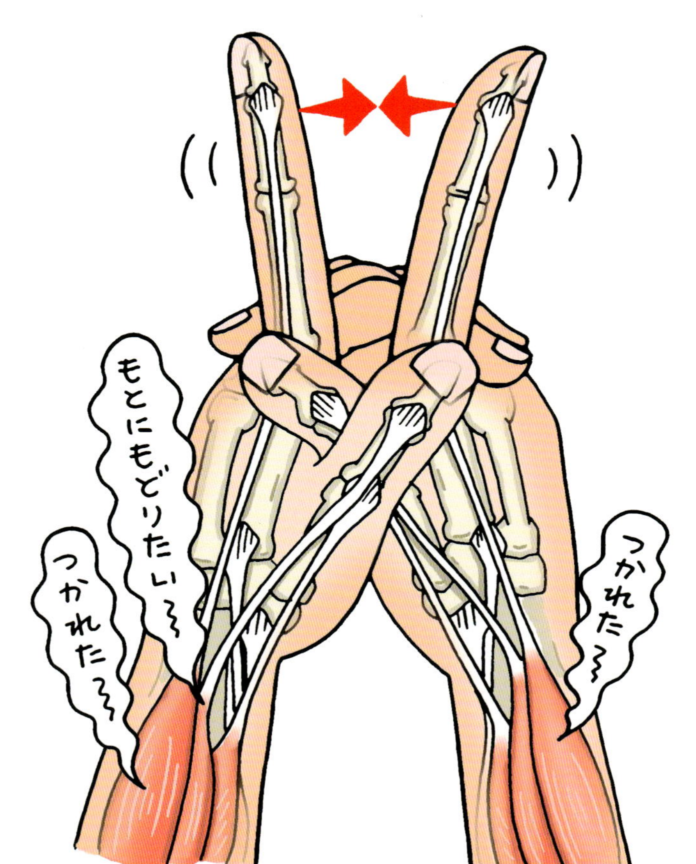

観察してみよう

ひとさし指以外は、どうかな？

意外にどんかん!? 足の指

目を閉じて足の指をさわられたとき、どの指をさわられたか、わかるかな？

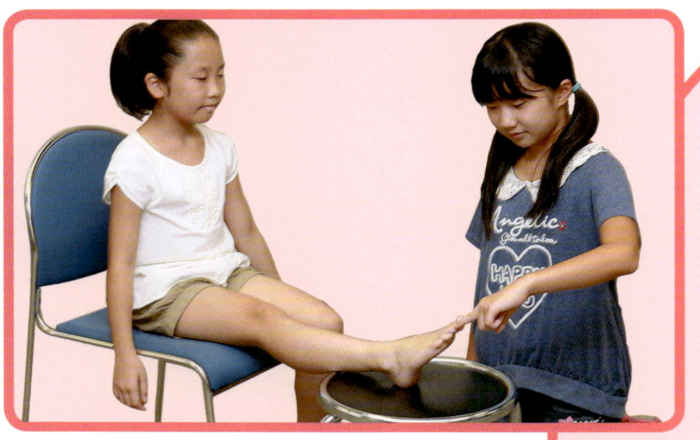

さわっているのは
くすり指！

1 相手に素足になって、いすの上に足をおいて目を閉じてもらう。相手の足の指を1本ずつさわっていく。

2 どの指をさわられたか答えてもらおう。

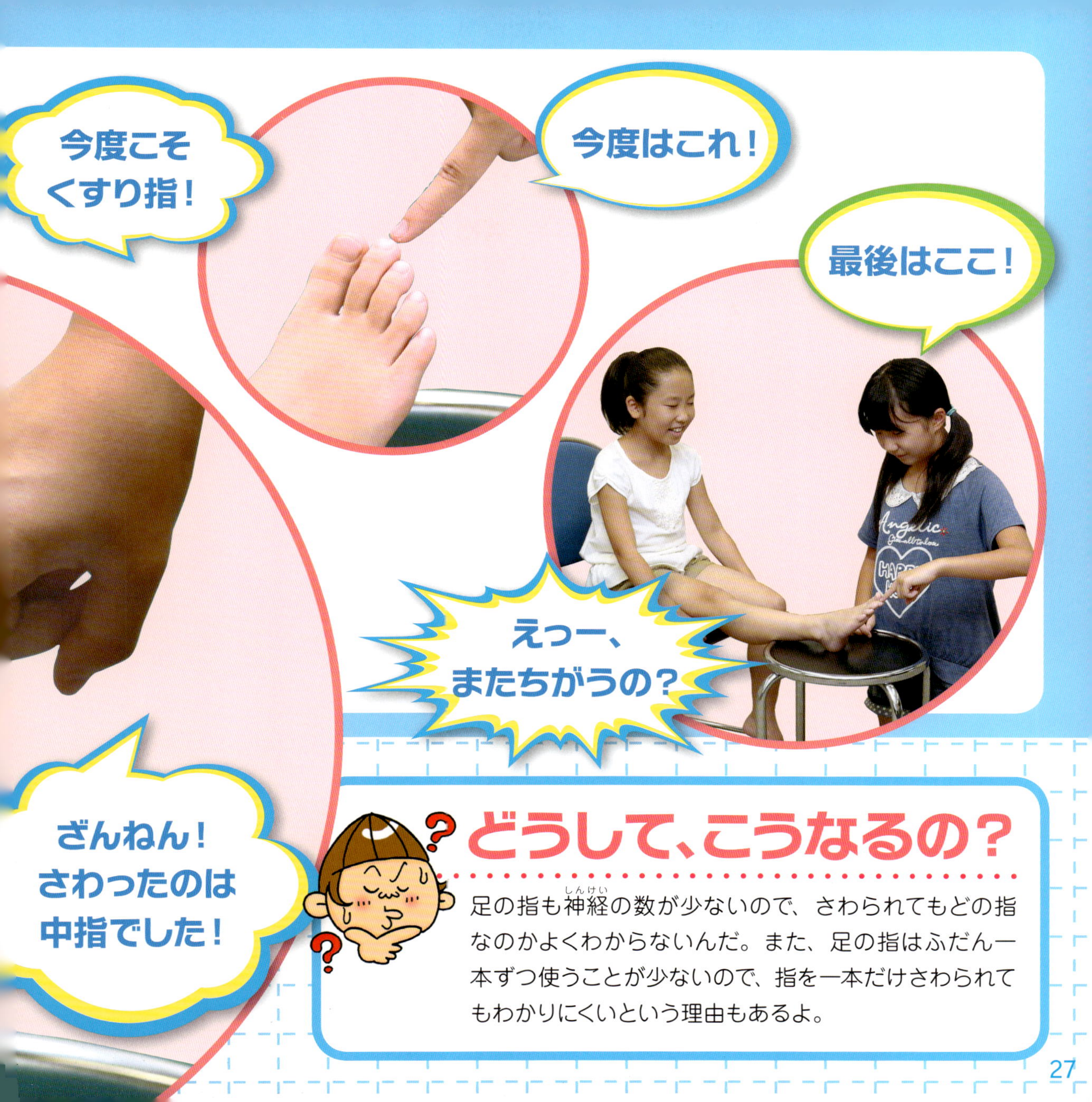

今度こそ
くすり指！
今度はこれ！
最後はここ！
えっー、
またちがうの？
ざんねん！
さわったのは
中指でした！

どうして、こうなるの？

足の指も神経の数が少ないので、さわられてもどの指なのかよくわからないんだ。また、足の指はふだん一本ずつ使うことが少ないので、指を一本だけさわられてもわかりにくいという理由もあるよ。

まちがった指が動いちゃう！

手をひねって組むだけで、指を動かそうとすると
まちがった指が動いちゃうよ！

やってみよう

1

腕を交差させて手を組んでもらう。

2

組んだ手を体の前でひっくり返して指が上にくるようにしてもらう。

3

この指を動かしてみて

指のどれかをさす。

すると……？？

こっちの指だよ。
次はこの指を
動かして！
あれ？
まちがえちゃった！
えーっ！
またちがう指が
動いちゃう

ここがポイント

指をさす人は、相手の指に触(ふ)れないようにしよう。あまり長い時間考えずに、すぐに指をさした方がまちがえやすいよ。

どうして、こうなるの？

手をふつうに組んだときと、ひっくり返して組んだときでは、左右の指の位置(いち)が逆(ぎゃく)になっているよ。いつも見ている指の位置(いち)とちがうので、脳(のう)がかんちがいしてしまうんだ。何度か実験(じっけん)をくり返したり、じっくり考えてから動かすとまちがわなくなるよ。

OH NO!

ちょっとむずかしいぞ。
説明(せつめい)をよく読んで
やってみてね。

生きているのに脈が止まっちゃった!?

わきの下にモノをはさむだけで、脈拍が止まってしまうよ。

脈にふれてみて！

おかしいよ！
止まっているよ。
大丈夫??

やってみよう

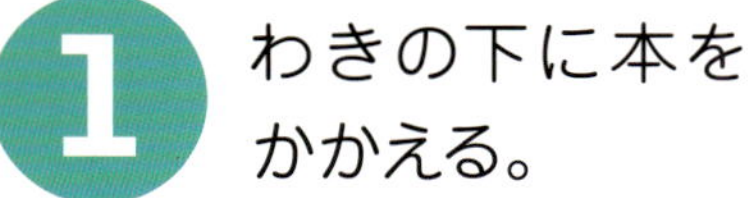

1 わきの下に本をかかえる。

2 相手に手首の脈を探してもらう。

3 わきの下に力を入れてみると…

ポイント
なるべく不自然に思われないように！

ポイント
手首の親指側でトクトクと動いているのが脈だよ。

ポイント
「これから脈を止めます」と言って止めると、さらにびっくり！

どうして、こうなるの？

からだのなかにある動脈のうち、表面にあるものはふれるとトクトクと脈を打っているのがわかるね。そこをおさえると、血液が流れなくなるので脈が止まるよ。わきの下にも動脈があって、そこをおさえてしまうと、手に血液が流れないので、手首の動脈も止まってしまうんだ。

難易度

かんちがいしやすい指先

指先をクロスしただけで、何本の鉛筆をさわっているかわからなくなる!?

1 相手に目を閉じてひとさし指と中指をクロスしてもらう。

ポイント

鉛筆は相手に見せないようにかくしておく。

2 相手の手をとって、1本の鉛筆をクロスした指に同時に当てる。

3 指に当たっている鉛筆が何本かをたずねる。

鉛筆は何本でしょうか?

どうして、こうなるの？

目を閉じるとしばらくの間、脳の中では指をクロスしていることがわかっていないんだ。だから、２本の指に同時に刺激があると、脳は２本の鉛筆があるのではと、かんちがいをしてしまうよ。

2本！

ポイント

時間がたつと指をクロスする感覚に慣れてしまって、実験がうまくいかないことがあるのでスピーディーにやろう。

ざんねん！
1本です

友だちをダマしちゃおう

ひとさし指と中指をクロスして、目をつぶってください。

クロスした指を左右に動かしながら鼻のあたまをさわってください。

あれ？
鼻がふたつになった!?

難易度

腕の曲がるところはどこ？

目をつぶっていると、自分の腕の曲がる場所（ひじ）がわからなくなってしまうよ。

腕の曲がるところをおされたら合図してね！
はい！そこ！
ひじはここ！
DREAM

やってみよう

1 はじめに、腕の曲がる場所（ひじ）を確かめる。

2 相手に目を閉じてもらい、ペンで腕の曲がるところをさされたら「ストップ」と声を出すように言う。

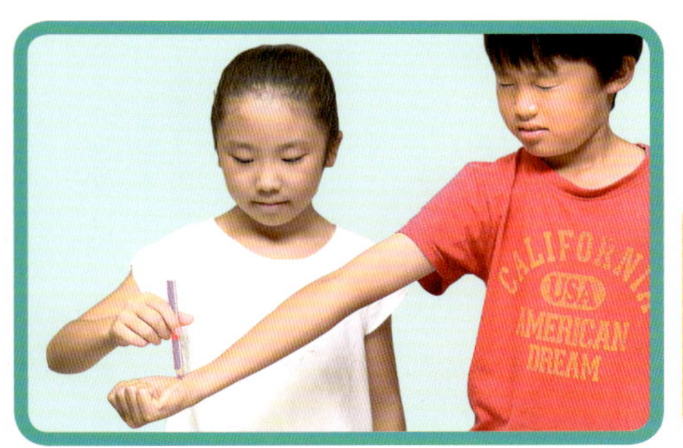

ポイント

ペン先を立てるようにして、腕の真ん中に当てよう。

3 手首からひじに向けて、ふたをしたボールペンや鉛筆の先で、3センチくらいずつずらしながらおしてゆく。

3cm

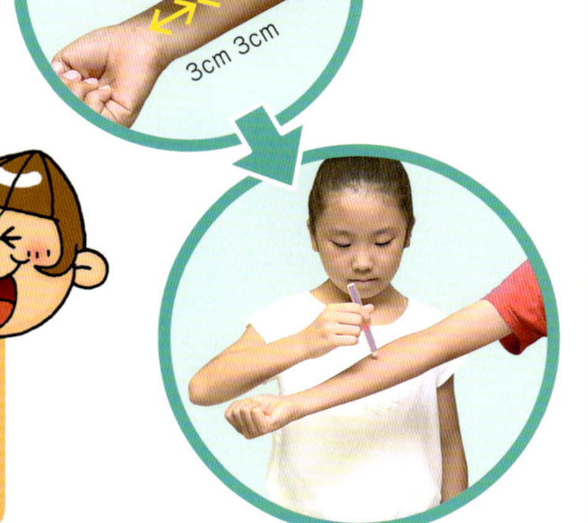

ストップ！
4
「ストップ！」と言った場所でペンを当てたままにしておき、目を開けてもらうと…
目を開けてみて！
CALIFORNIA
USA
AMERICAN
DREAM
え〜〜っ！
ひじをさしていたんじゃないの？
腕（うで）の曲がる場所（ひじ）よりも、少し下になっているよ！

どうして、こうなるの？

皮膚をさわられると、神経がそれを感じて脳に伝えているよ。ただし、ひとつの神経が受け持つ範囲は思ったより広いので、目をつぶっているとどこをさわられているのか、正確にはわからなくなってしまうんだ。

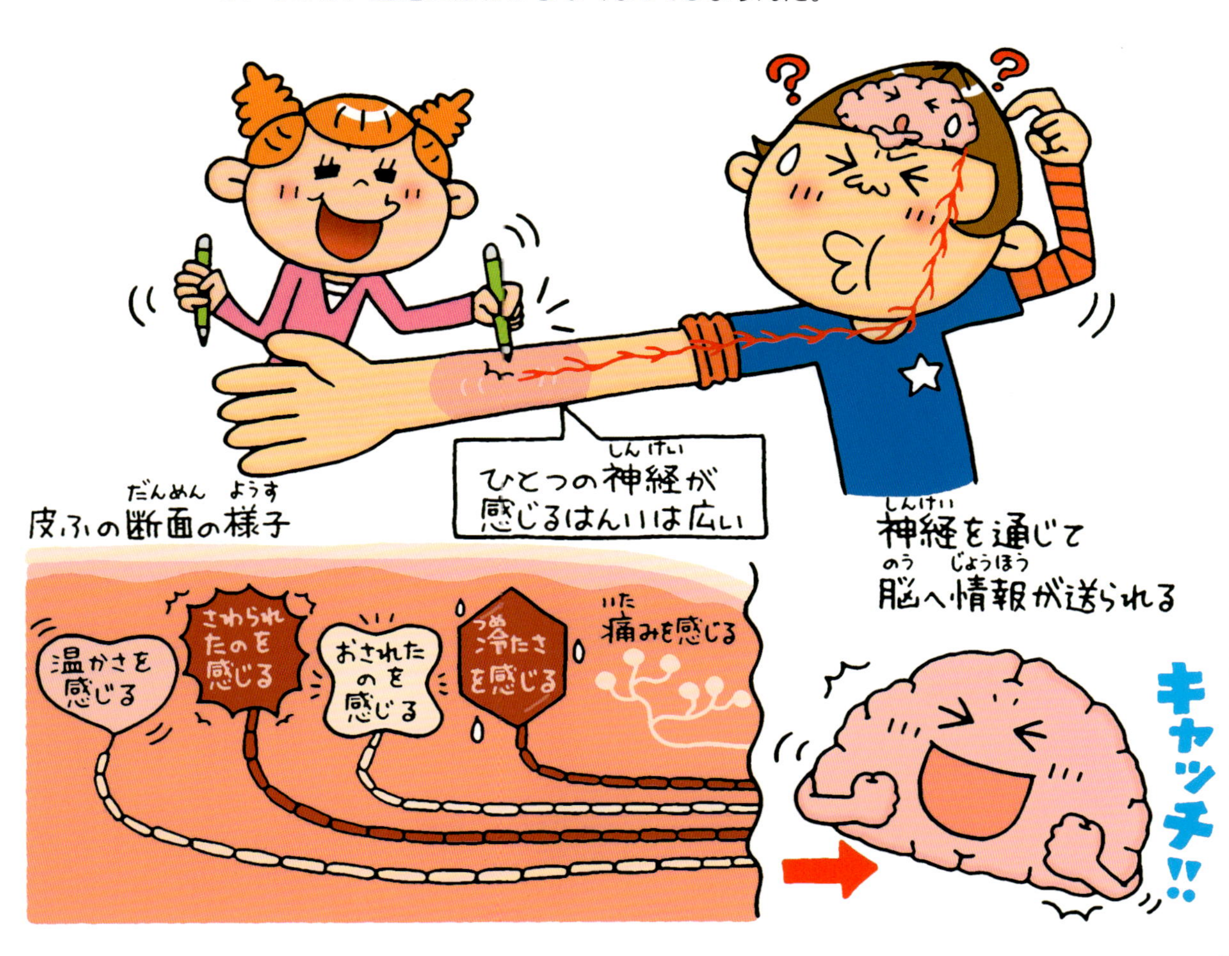

つかめそうで、つかめないハガキ

指ではさむだけなので、
かんたんにつかめそうだけど、
ためしてみると意外にむずかしいよ。

やってみよう

1 ハガキを持つ。相手にチョキでハガキの真ん中当たりをはさむように構(かま)えてもらう。

2 手を放したら、ハガキをつかむように言う。

おとすよ！
チョキではさんで
とってね

ここがポイント

チョキがハガキにふれないように。

オーケー
OK！
かんたん♪

ここがポイント

「1、2、3」などの合図をしてはダメだよ。

どうして、こうなるの？

動くものを見てから指を動かす場合、ふつうの人なら約0.2秒かかるといわれているよ。モノから手をはなしてから0.2秒たつと、約20センチも落下してしまうので、つかむことができないんだ。蚊を見つけても、うまくつかまえられないのも同じ理由だよ。

とれそうでとれない折り紙

1 相手のてのひらに折り紙をのせる。

どちらが先に折り紙をとれるか競争だよ

2 自分のてのひらを上に向ける。

ハンデをあげるよ。わたしはてのひらを上にしておくよ！

3 「1、2、3」のかけ声で折り紙をとる。相手はにぎるだけ、きみはサッととる！　どっちが早いかな？

やったね！
はやい！

これも声を聞いてから指を動かすまでの時間の差を利用しているよ。相手はかけ声を聞いてから反応するので、どうしても少し遅くなってしまうんだ。

ここがポイント

つかむ瞬間に相手がてのひらを下げてしまうと負けるので、てのひらが下がらないようにテーブルの上などでやろう。

難易度  

フワフワと勝手に動く腕！

腕をおさえられただけで、自分では意識していないのにフワフワと腕が上がってしまうよ。

腕が勝手に上がっちゃう！

ポイント

おたがいに力いっぱいやってみよう。

やってみよう

1 相手に腕を上げるように力を入れてもらう。それを腕が上がらないように20秒間おさえる。

2 20秒後に腕をはなすと…。

どうして、こうなるの？

腕を上げるときには、脳から筋肉に命令が届いているよ。腕をおさえるのを止めても、筋肉は、脳からの命令を覚えているので「このまま力を出しつづけよう」とするんだ。だから、自然に腕があがってしまうよ。

うで上げて！
んぐっ…
アレ？
りょうかい！
でも… 上がらないよ～
ガシ
パッ
なんで…？
たしか!! 上げるんだよね…
1、2、3……
10、……20！

ためしてみよう

両方の腕をおさえたら、どうなるかな？

難易度

ひじが固まって腕が曲がらない！

相手に手首を軽くつかまれただけで、なぜかひじが曲がらなくなっちゃうよ！

1

ひじを曲げたり伸ばしたりして、よく動くことを確かめてもらう。

2

相手のてのひらを下に向けて、手首を軽くにぎる。

必ずてのひらを下向きにすること。

3
腕を上げてもらおう。
腕が上がらないー！
ひじが曲がらないー！
プル
プル
プル

どうして、こうなるの？

人間の腕は、てのひらを下に向けた状態で手首が固定されると、ひじを曲げる筋肉が働かないようになっているよ。手や腕の筋肉は、別々に動いているように思うけど、実はそれぞれが関係しあっているんだ。

てのひらに写真をうつしてみよう！

てのひらの向こう側が
見えちゃう！？
まるでてのひらに写真を
うつしたみたい？！

うわぁ！
手に穴が
あいちゃった！

やってみよう

1 食品用ラップやトイレットペーパーなどの紙のつつを用意する。

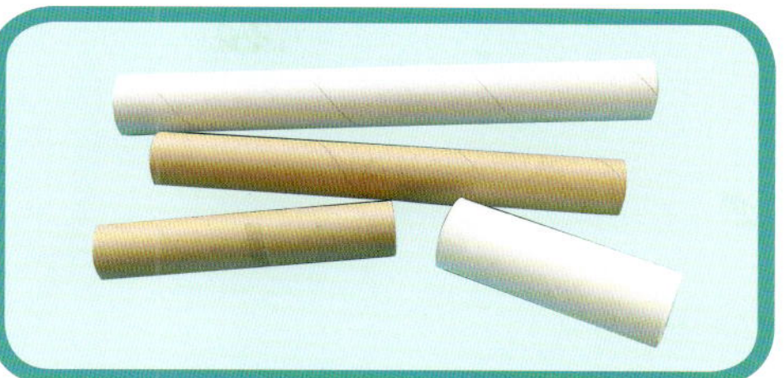

ここがポイント

あまり太くなく
光がすけない
厚手のものがいいよ。

2

つつを右目にあてる。
目は開けたまま。

3

ここがポイント

両目は開けた
ままだよ。

つつの横に左手をぴったりとつける。

左目で左手を見るようにすると…

わっ〜！
手に景色が
うつってる〜♡

てのひらに穴が開いて
背景が見える！

どうして、こうなるの？

右目では風景、左目ではてのひらと、2つの目がべつべつのモノを見ているよ。それを脳がひとつの景色に合体させようとすると、いっしょになって見えてしまうんだ。

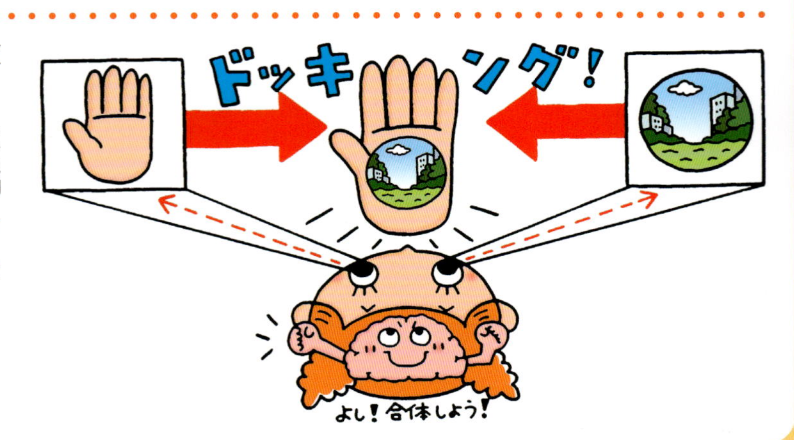

ドッキング！
よし！合体しよう！

レベル3

最強（さいきょう）レベル！
成功（せいこう）したらみんなびっくりすることまちがいなし！

難易度

ハンドパワーでペンが

まっすぐのはずのペンが、ゆらすだけで、ぐにゃぐにゃに曲がる!?

1 ペンのはしの方を親指とひとさし指で持つ。

2 手を上下にゆらして、ペンをふる。

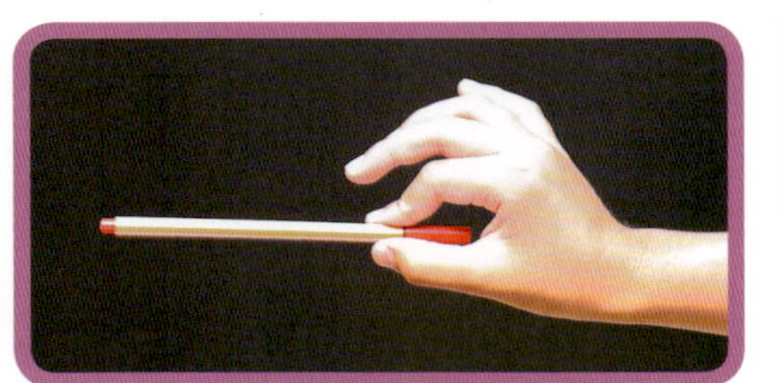

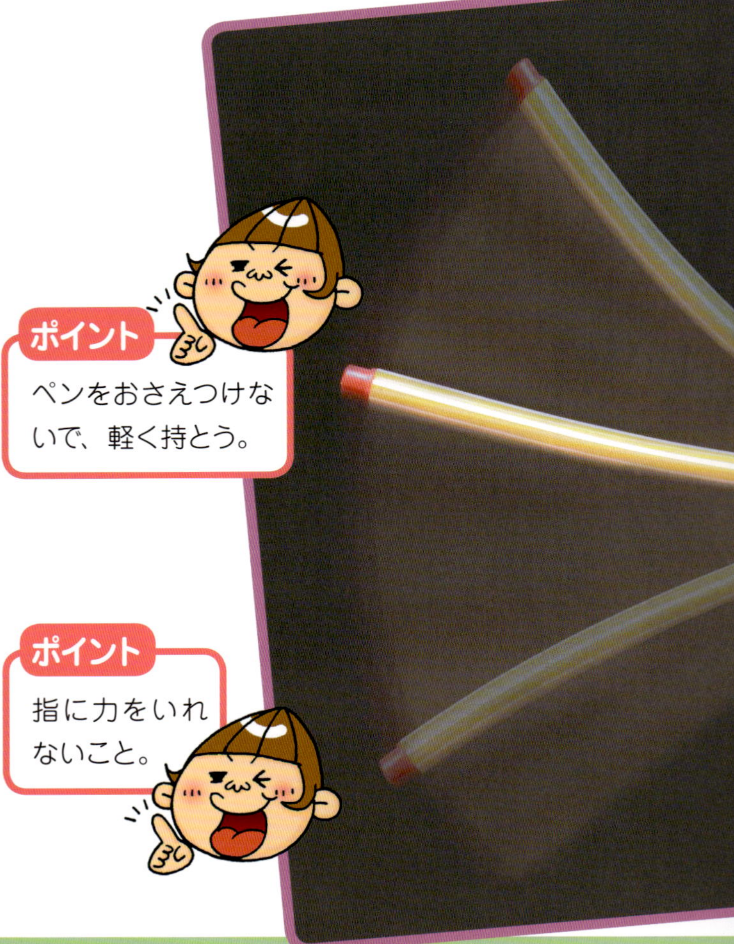

ポイント

ペンをおさえつけないで、軽く持とう。

ポイント

指に力をいれないこと。

ぐにゃぐにゃ!?

3 ゆらすのを止めると……

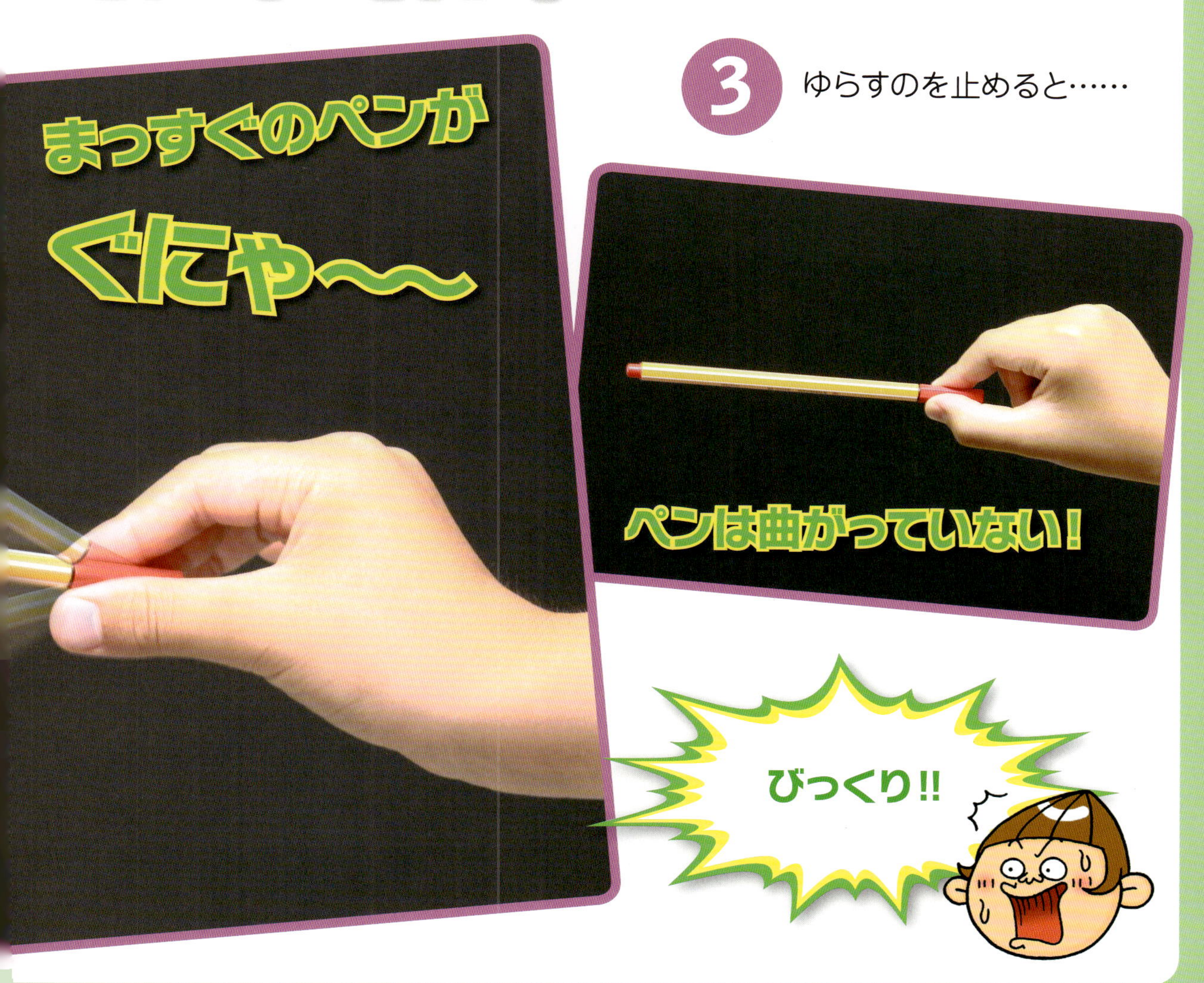
まっすぐのペンが
ぐにゃ〜〜
ペンは曲がっていない!
びっくり!!

どうして、こうなるの？

目で見たものは、ほんの少しの間だけ目に残(のこ)って見えるよ。これを「残像現象(ざんぞうげんしょう)」というんだ。ボールペンをゆらすと、向きが上、真ん中、下と変わっていくのが、残像現象(ざんぞうげんしょう)で重なるので、ぐにゃぐにゃしているように見えちゃうんだ。

パラパラ
パラパラマンガや
アニメも
残像現象(ざんぞうげんしょう)だよ

友だちをダマしちゃおう

でも、わたしの
ハンドパワーで
ゆらゆらゆらすと…

ゆらすのを止めると、
はい！
もとにもどっています

ポイント

ペンを持っていない方の手からハンドパワーを送っているように演(えん)じよう。

難易度

催眠術にかかっちゃった？腕

催眠術にかかったように腕が自然に上がってゆくよ！

あなたの手が
上がる上がる

やってみよう

1

相手に両手をそろえて、前につきだしてもらう。

2

「目をつぶってください。今から両手をロープで結びます」と言って、ロープを手首にまくマネをする。

3

「このロープを引っ張ると、だんだん手が上にあがってゆきます」と言うと…。相手の腕が自然にあがってゆく！

最後に目を開けてもらう。相手は腕が上がっているので、ビックリ!?

どうして、こうなるの？

目をつぶると、脳は腕の位置を目で確認できなくなるので、関節の曲がりぐあいを感覚だけで同じ位置に保とうとするよ。でも、元の位置から少しでもズレたと感じると、修正しようとして、腕が上がってしまうんだ。

数が増えたのに、軽くなって

重いと思って持ち上げた箱が、なぜか軽くなっていた！
脳のかんちがいを利用したマジック。

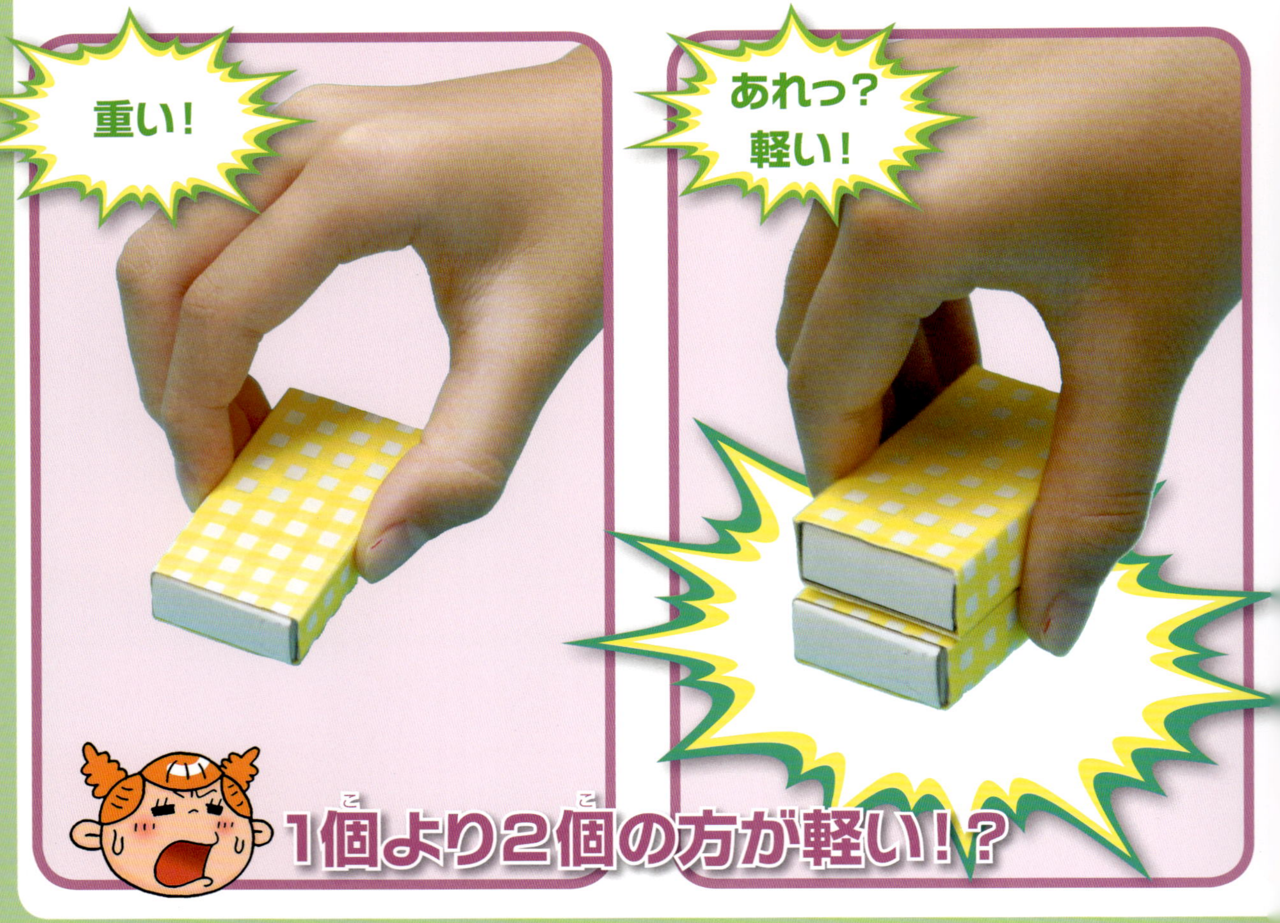

重い！
あれっ？
軽い！
1個より2個の方が軽い！？

しまう箱

やってみよう

1

２つの同じ大きさの箱とコインを５枚用意する。ホッチキスの針の箱などがいいよ！

2

ひとつの箱にコインを５枚入れる。

3

空の箱を下に、コインの入った箱を上にして、上の箱だけ持ち上げてもらう。

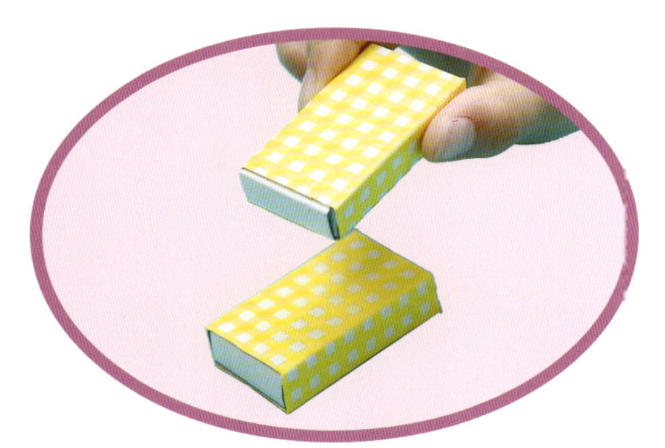

4

上の箱をもとにもどして…

2ついっしょに
持ってみて！
あれ？
軽い～!!

ここがポイント

実験の前や途中で、相手に重さに関することを言わない方がうまくいくよ。重さが変わることが予想できてしまうと、軽く感じないこともあるんだ。

どうして、こうなるの？

最初にコインの入った箱を持ち上げたとき、脳はその重さを一瞬で記憶しているよ。だから、次に2つの箱を同時に持ち上げたとき、「重い箱の2倍になるのでは」と脳が予想するんだ。ところが予想した重さよりも軽いので、「箱が軽くなった！」と感じてしまうよ。

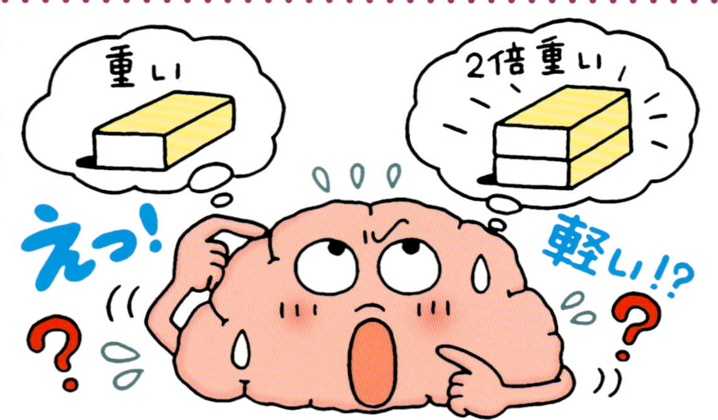

重くなってしまう箱

３つの同じ大きさの箱を用意する。そのうち1箱だけにコインを５枚入れておく。

２つの空の箱を下に、コインの入った箱を一番上にして、全部の箱を持ち上げてもらう。

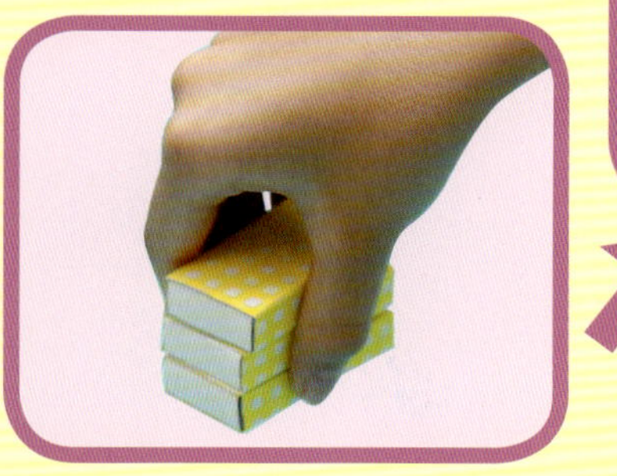

今度は一番上の
箱だけ持ち上げて！
あれ！
一個なのに
重い～！

ひとつの箱は全部の箱の３分の1の重さだと脳が予想するので、コインの入った箱を持ち上げたとき、重く感じるんだ。

難易度

コインをにぎった手をみや

右手と左手のどちらにコインやあめをにぎっているかを、ピタリと当ててしまうよ！

1

相手にコインやあめをわたして、自分は後ろを向く。

2

コインやあめをどちらかの手でにぎってもらい、その手をおでこにあて、10数えてもらう。

3

10を数えてもらったら両手を前に出してもらう。

ポイント

にぎっていない方の手は必ず下におろしてもらう。

考えてみよう

どちらの手にコインを持っているかな？　皮膚の色に注目！

ぶれ！

透視（とうし）してコインを
持っている手が
左右どちらか当てよう！

考えてみようの答え
左手。コインやあめをにぎっている手のほうが白っぽいよ。

どうして、こうなるの？

血液（けつえき）は心臓（しんぞう）から送り出されて、体中に送られているよ。心臓（しんぞう）より高い位置（いち）に手を上げていると、血液（けつえき）の流れが悪くなって手の色が白っぽくなるんだ。だから、両手を並（なら）べて出してもらうと、コインやあめをにぎっている手だけ白っぽくなってしまうよ。

なんいど
難易度

ハンドパワーで無重力体験!?

指の力だけでからだを宙（ちゅう）にうかすことができるよ。

1

持ち上げる人は
ひとさし指だけ
まっすぐ伸ばして
両手をにぎる。

2

持ち上げられる人は
いすにすわる。

3

持ち上げる4人が
すわっている人の
わきの下、ひざの
裏に指を入れる。

背もたれのない
いすの方が実験
しやすいよ。

「持ち上げるよ～」などと
声をかけ合って持ち上げると…

上がらない！
いすにすわった人の頭の上で、みんなの手を重ねてハンドパワーを注入！
ハンドパワー注入!!
そして、今度は「1、2、3」の合図で、4人で同時に持ち上げると…

注意

高く持ち上げすぎると危ないよ。持ち上げた人を下ろすときはゆっくり下ろそう。

どうして、こうなるの？

最初に持ち上げようとしたときは、重さの感覚がわからないので重く感じるよ。みんなで手を重ねた後は、手に重さの感覚が残っているので強い力が出るんだ。この実験の場合、持ち上げようとする人の体重がたとえば40キロなら、1人あたりの指にかかる重さは10キロ。でも、持ち上げる人は最初の刺激で10キロよりも重いと思っているので、2回目にはかんたんに持ち上がってしまうよ。

くずれない!? 人間ブリッジ

みんなで力を合わせてバランスを保つと、
イスがないのにブリッジができるよ。

＊安全のためにやわらかい床の上や、マットなどをしいて実験しよう。

やってみよう

1 4人で同じ距離（きょり）になるように、イスにすわる。

ポイント
体格が同じくらいの人どうしだと実験がうまくいくよ。

ポイント
背（せ）もたれのないイスを使おう。

2 ひとりずつ順番（じゅんばん）にとなりの人の太ももの上に頭をのせよう。

ポイント
補助（ほじょ）してくれる人に手伝ってもらって、頭が太ももの真上にのるように調節（ちょうせつ）しよう。

3 補助（ほじょ）する人は、ひとつずつイスをぬいていこう。

ブリッジを作る人は、頭や体を動かさないで、じっとしていてね

ポイント

対角線にあるイスからぬいていくと、バランスを保（たも）ちやすいよ。

人間ブリッジ
完成！
パチ
パチ
パチ
パチ
直角
直角
ひざがイスの
役目をしているよ

どうして、こうなるの？

ブリッジをしている人の頭の重さは、となりの人の直角に曲がったひざから下の骨（ほね）と筋肉（きんにく）でささえているんだ。それぞれの人の足が、イスの足と同じようにからだをささえる役目をしているので、バランスを保（たも）っていられるよ。

監修　坂井建雄（さかいたつお）
順天堂大学教授

文　斉藤ふみ子（さいとうふみこ）
大関直樹（おおぜきなおき）

イラスト　アキワシンヤ
撮影・写真加工　加藤幸司
デザイン　アクアチッタ　水町由美子

モデル　鈴木凜／高橋一太／戸塚礼理／中村成那／若杉芽衣

参考文献：田中玄伯『からだのマジック』（学習研究社）／山下 恵子『じっけんきみの探知器』（福音館書店）／東京大学奇術愛好会『東大式科学手品―おもしろくてためになる！タネも仕掛けもサイエンス！』（主婦の友社）／米山公啓『おとなもビックリ！からだで手品 46』（青春出版社）ほか

本書は 2013 〜 2014 年発行の「実験しよう！からだのなぞ」シリーズを再構成したものです。

150%パニック！
絶対ダマされる!?
からだマジック

2017 年　3 月　初版第 1 刷発行
2024 年　3 月　初版第 7 刷発行
監修　坂井建雄
文　斉藤ふみ子／大関直樹
発行者　三谷 光
発行所　株式会社汐文社
〒 102-0071
東京都千代田区富士見 1-6-1
TEL 03-6862-5200　FAX 03-6862-5202
http://www.choubunsha.com
印刷　新星社西川印刷株式会社
製本　東京美術紙工協業組合

ISBN978-4-8113-2378-7